Bibliographic information published by the German National Library:

The German National Library lists this publication in the National Bibliography; detailed bibliographic data are available on the Internet at http://dnb.dnb.de .

Imprint:

Print and binding: Books on Demand GmbH, Norderstedt Germany
ISBN: 978-3-668-12015-0

This book at GRIN:

http://www.grin.com/it/e-book/313291/furto-di-terra-o-opportunita-di-sviluppo-un-analisi-del-fenomeno-del-land

Claudio Salvati

Furto di terra o opportunita di sviluppo? Un analisi del fenomeno del land grabbing nei PVS

GRIN Publishing

UNIVERSITÀ DEGLI STUDI DI FIRENZE

FACOLTÀ DI AGRARIA

Corso di laurea in

Scienze Agrarie per la Sicurezza Alimentare e Ambientale nei Tropici

Dipartimento di Scienze delle Produzioni Vegetali,

del Suolo e dell'Ambiente Agro-forestale

Furto di terra o opportunità di sviluppo?
Un'analisi del fenomeno del *land grabbing* nei PVS

Tesi di laurea di: Claudio Salvat

A.A. 2009-10

Indice

Sommario

Lista Delle Figure

Lista Delle Tabelle

Acronimi

FAO	Food and Agriculture Organization of the United Nations
ICESCR	International Covenant on Economic, Social and Cultural Rights
IFPRI	International Food Policy Research Institute
UNCTAD	United Nations Conference on Trade and Development
IFAD	International Fund for Agricultural Development
IIED	International Institute for Environment and Development
ONU, UNO, UN	United Nations
UNEP	United Nations Environment Program
SADC	Southern African Development Community
EAU, UAE	United Arab Emirates
SEPA	State Environmental Protection Administration
WWI	Worldwatch Institute
WHO	World Health Organization
TVE	Township and Village Enterprises
GDP, PIL	Prodotto Interno Lordo
SOE	State-Owned Enterprise

1. Introduzione

Nel mondo c'è cibo sufficiente per sfamare ogni essere umano, eppure la maggioranza delle persone in Africa e nel resto del Sud del mondo deve patire fame e povertà, mentre l'obesità nei Paesi Occidentali sta aumentando. Secondo la FAO (2010), più di 900 milioni di persone soffrono la fame e ben due miliardi sono quelle mal nutrite, mentre stando a statistiche dell'Organizzazione Mondiale della Sanità 1 miliardo e 142 milioni di persone (principalmente nei Paesi sviluppati) sono sovrappeso e quasi 30 milioni di persone ogni anno muoiono per patologie connesse all'eccesso di cibo. Perché allora le nazioni più ricche si stanno appropriando della terra in Africa? La risposta a questa domanda è connessa con la disuguale distribuzione della ricchezza globale tra paesi poveri e paesi ricchi e con l'incertezza che caratterizza il fenomeno della globalizzazione. L'analisi di questo quesito è il tema principale di questo lavoro.

La rapida acquisizione di terra in Africa trae origine da una serie di fattori che si collegano alle preoccupazioni riguardanti la sicurezza alimentare globale, in special modo all'aumento dei prezzi dei beni alimentari nel 2007 e 2008, che ha causato rivolte in decine di paesi, tra cui Haiti, Senegal, Egitto e Camerun. Altri fattori sono stati (e sono tuttora) il fallimento nell'affrontare i mutamenti climatici, che in diverse parti del globo hanno provocato carestie e siccità da un lato, inondazioni e alluvioni dall'altro.

A peggiorare la situazione contribuisce la volatilità dei prezzi dei beni alimentari sul mercato globale e le speculazioni sulle *commodities* agricole. Durante la crisi dei prezzi del 2007-08 i Paesi produttori di beni alimentari hanno aumentato i dazi sulle esportazioni di alimenti, per minimizzare le esportazioni alimentari peggiorando la situazione nei Paesi importatori. I Paesi del Golfo, tra cui Arabia Saudita, Bahrein, Oman, Qatar (che controllano il 45% delle risorse petrolifere mondiali), si sono resi conto che non possono fare affidamento sui mercati regionali o su quello globale per soddisfare i fabbisogni alimentari della propria popolazione. Da cui l'interesse di questi Paesi per l'acquisizione di terra all'estero, in special modo in Africa. D'altra parte anche gli investitori privati vedono nell'acquisto di terre fertili una nuova fonte di profitto, non solo per la produzione di beni alimentari, ma anche per le colture vegetali per biocarburanti (Blein e Longo, 2009).

I governi dei Paesi in via di sviluppo in genere accolgono con soddisfazione le acquisizioni di terra da parte di investitori stranieri, in quanto, con il capitale straniero derivante dal canone di affitto o dalla vendita del terreno, essi possono investire in infrastrutture, sostenere la crescita economica nelle regioni agricole e creare posti di lavoro. Vi sono però anche voci critiche che tendono a definire questo fenomeno "*land grabbing*", furto di terra, intendendo che i gruppi più vulnerabili (braccianti agricoli, piccoli contadini e comunità locali), potrebbero perdere l'accesso a risorse fondamentali quali acqua e terra.

Peraltro l'evidenza mostra che a volte non esistono neanche dei veri contratti con vincoli legali e che perfino i funzionari statali responsabili per gli investimenti esteri o le comunità locali coinvolte non sono del tutto informati dei fatti. La strategia di condurre questi accordi in segreto induce dei sospetti su come i governi abbiano intenzione di agire. La mancanza di trasparenza mina la responsabilità dei governi e rende più facile la corruzione. Inoltre è un chiaro affronto al diritto all'informazione (International Covenant on Economic, Social and Cultural Rights, ICESCR).

L'analisi del fenomeno, però, è difficile a causa della mancanza di dati. Attualmente esiste ben poca letteratura riguardante l'aumento di investimenti esteri nei confronti di acquisizioni di terra a scopi agricoli. Invece c'è una notevole disponibilità di informazioni nei media. In questo momento non è disponibile al pubblico nessun contratto e le informazioni a proposito di negoziazioni in corso sono scarse ed incomplete. Per una ricerca basata su dati empirici, bisogna ammettere che c'è una lacuna di informazioni obiettive e verificabili.

La principale fonte di informazioni è la carta stampata anche se tali fonti non contengono molti dettagli. Dal giugno 2008 sono stati pubblicati 530 nuovi articoli. Sul sito internet di GRAIN (2010) sono documentate circa 180 trattative a diverso stadio di negoziazione, mentre l'IFPRI (2010) cita cinquantasette trattative. Molti di questi negoziati si trovano ancora in uno stadio iniziale, alcuni sono stati interrotti o si trovano in una fase di stallo, mentre altri sono in uno stadio più avanzato. Altre trattative sono state già terminate, ma è impossibile sapere con esattezza quante sono e quale sia il loro vero scopo. Anche la FAO, l'UNCTAD e la World Bank stanno lavorando su questo tema, anche se i risultati sono ancora preliminari e parziali (FAO, 2009).

L'IFAD ha svolto un ruolo importante prendendo posizione sui contratti agricoli riguardanti l'acquisto o l'affitto di terreni, e ha pubblicato alcuni casi di studio, ma le informazioni circa il quadro complessivo sono poche (IFAD, 2009). L'IIED ha pubblicato alcune ricerche sull'acquisizione di terra per colture energetiche da biocarburanti (IIED, 2009).

Pertanto, per compensare la scarsità di dati ufficiali, questo lavoro si basa anche su dichiarazioni di funzionari pubblici dei Paesi ospitanti o investitori, dei rappresentanti delle agenzie delle Nazioni Unite e di organizzazioni non governative.

Questo lavoro vuole cercare di fare il punto su tale questione. Il lavoro è organizzato nel modo seguente. Nel capitolo 2 si introduce il termine *land grabbing*, definendone il contesto ed analizzando cause ed effetti del fenomeno. Nel capitolo 3 si esaminano i problemi che emergono nell'attuazione degli accordi riguardanti terra coltivabile. Nel capitolo 4 sono esaminati tre casi di studio, uno interessante un Paese ospitante (il Madagascar) e due attinenti a Paesi investitori (nello specifico: gli Stati del Golfo e la Cina). Nella parte riguardante la Cina, saranno analizzate le cause che spingono il Paese alla ricerca di territori coltivabili oltre i propri confini, così come gli investimenti in corso all'estero. Nel capitolo 5 verranno riassunti i risultati e saranno proposte alcune soluzioni per far sì che gli investimenti in terra coltivabile all'estero non siano un furto di terra, ma un'opportunità di sviluppo.

2. Quadro Generale

Secondo la FAO (2010), nel mondo 925 milioni di persone sono esposte a sottoalimentazione cronica. Rispetto al 2006 il numero delle persone coinvolte è aumentato di 100 milioni, mettendo a rischio gli sforzi della comunità internazionale nel ridurre la fame nel mondo, come prefissato nel Millennium Development Goal 1C (dimezzare, fra il 1990 e il 2015, la percentuale di persone che soffre la fame).

Per la prima volta dalla *Green Revolution*, c'è un ampio consenso tra i politici nel costatare la necessità di investimenti nel settore agricolo dei paesi più poveri per sconfiggere fame e povertà, sviluppare e diversificare la loro economia e per fermare il fenomeno di perdita della terra coltivabile. Tuttavia, non c'è accordo sul tipo di investimenti da adottare, quali tecnologie agricole impiegare, su quale produzione agricola concentrarsi, come coinvolgere i piccoli agricoltori nei mercati locali, regionali ed internazionali (Wiesmann *et al.*, 2002).

Nel frattempo, un nuovo fenomeno, il "*land grabbing*", le cui conseguenze sono ancora poco chiare, si sta diffondendo nei paesi del Sud del Mondo. Il *land grabbing* è un processo globale, nel quale grandi investitori stranieri, sia pubblici che privati, stringono accordi con i governi dei Paesi poveri per l'acquisizione o il controllo di ampie superfici di terra influenzando in maniera rilevante la sicurezza alimentare attuale o futura del Paese ospitante. Si tratta di un fenomeno in espansione, che ha avuto un'accelerazione a seguito della crisi dei prezzi delle materie prime agricole.

2.1. Definizione di land grabbing

Per *land grabbing* (che può essere tradotto come furto/accaparramento di terra) viene definita l'acquisizione tramite compra-vendita o contratto di affitto di lungo termine di vaste superfici di terra coltivabile da parte di soggetti/istituzioni straniere per la produzione agricola a fini commerciali o industriali attraverso accordi istituzionali (GRAIN, 2008).

Gli accordi non seguono uno schema o un modello prestabilito, ma sono specifici per ogni caso. Le parti coinvolte sono di norma due: da un lato abbiamo gli investitori, che generalmente sono *joint venture* e società private estere, ma a volte possono essere anche governi stranieri; dall'altro lato abbiamo chi offre la terra e nella grande maggioranza si tratta dei governi dei Paesi ospitanti.

Gli investimenti di capitali diretti dall'estero nel settore agricolo non sono un fenomeno recente (*The Economist*, 21 maggio 2009). Le novità sono invece:

- la dimensione del fenomeno (*cfr.* par. 2.2);
- la destinazione d'uso della terra: il focus dai così detti *cash crops* si è spostato verso beni alimentari di base, soprattutto cereali, e biocarburanti;
- i nuovi attori: prima solo il settore privato investiva nell'agricoltura all'estero, adesso anche gli stati ricoprono il ruolo di investitori.

La definizione mette l'accento sull'ampiezza del fenomeno ed il suo impatto sull'economia. Anche se investitori nazionali possono partecipare al fenomeno del *land grabbing*, la nostra attenzione si concentra sugli investitori stranieri, in quanto gli stati ospitanti hanno degli obblighi di protezione nei confronti delle società straniere, che spesso entrano in contrasto con i diritti umani delle popolazioni locali.

Inoltre gli investitori stranieri, non avendo legami culturali con i luoghi e le popolazioni locali, non sentono la responsabilità nei confronti delle comunità coinvolte dai loro accordi. Ciò va a danno delle comunità locali e delle generazioni future, compromettendo i loro diritti culturali, sociali ed economici.

Esiste pertanto una preoccupazione più che giustificata, tanto che il Direttore della FAO, Jacques Diouf, ha definito questi sviluppi come un "sistema neo-coloniale" (Borger, 2008), mentre il vicedirettore della FAO David Hallam ha affermato: "Questa potrebbe essere una situazione in cui entrambe le parti possono guadagnare qualcosa, oppure può essere una sorta di neo-colonialismo con conseguenze disastrose per alcuni Paesi coinvolti" (Pagano, 2009).

Comunque lo si voglia chiamare, si tratta di un fenomeno importante sia dal punto di vista economico che sociale, dato che, negli ultimi anni, milioni di ettari di terra, soprattutto in Africa Sub-Sahariana, sono stati affittati per la produzione di biocarburante e beni agroalimentari.

2.2. Dimensione del fenomeno

Il quadro informativo sulle acquisizioni di terra è scarso e spesso limitato, per cui le conclusioni cui si giunge devono essere trattate con cautela. Tuttavia si può avere un'idea dell'ordine di grandezza del fenomeno[1] (Fig. 1):

- in Sudan, la Corea del Sud, gli EAU e l'Egitto hanno stretto accordi per un milione e mezzo di ettari[2];
- dal 2004 al 2009 è stata documentata l'acquisizione di terreni in cinque Paesi dell'Africa sub-sahariana (Etiopia, Madagascar, Mali, Mozambico, Sudan) per un totale complessivo di 2.492.684 ettari[3] (Cotula *et al.*, 2009);
- negli ultimi cinque anni sono aumentati gli investimenti in terreni, con un incremento del trend, sia in termini di numero dei progetti, che di superfici, con una previsione di un'ulteriore crescita futura degli investimenti;
- gli investimenti di terra su larga scala sono tutt'ora una piccola percentuale del totale di terra coltivabile nei singoli Paesi, ma la maggior parte del terreno agricolo rimanente è già in uso (per esempio dalla popolazione locale) e la pressione su terre di alto valore (ad esempio, quelle con potenzialità di irrigazione o più vicine a infrastrutture) sta aumentando, con conseguente diminuzione della terra coltivabile totale;
- dominanza del settore privato negli accordi riguardanti l'acquisizione di terra, anche se spesso con forte sostegno finanziario da parte del governo;
- attualmente sono ancora gli investimenti esteri a dominare il mercato, anche se gli investitori nazionali stanno giocando un ruolo importante nelle acquisizioni di terra - un fenomeno che finora ha ricevuto poca attenzione internazionale.

[1] Ulteriori accordi (o trattative ancora in corso) sono riportati nelle Appendici 1 e 2.

[2] La Corea del sud ha firmato un accordo per 690.000 ettari, l'Egitto e gli Emirati Arabi Uniti hanno ottenuto 400.000 ettari ciascuno (*The Economist*, 21 maggio 2009).

[3] Sono state escluse le transazioni di terreni inferiori ai 1.000 ettari, in quanto non rilevanti per l'oggetto della ricerca.

Figura 1: Panoramica delle acquisizioni di terra

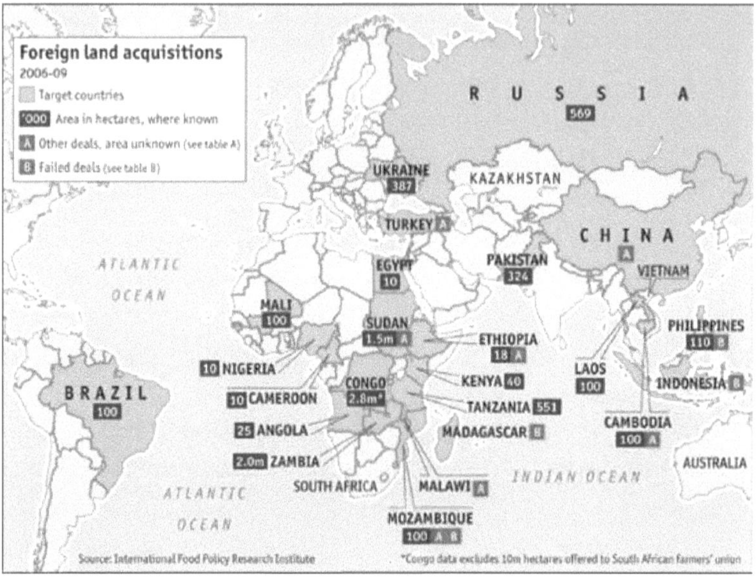

Fonte: IFPRI, 2009

2.3. Motivazioni del *land-grabbing*

I soggetti che promuovono questo fenomeno sono mossi da diverse motivazioni. La prima è quella di raggiungere o mantenere la propria sicurezza alimentare. Diversi Paesi dipendono dalle importazioni di cibo e dopo la crisi dei prezzi dai prodotti alimentari del 2007-2008 cercano la propria indipendenza dal mercato attraverso la produzione in proprio in terra straniera. Questa strategia consente di mantenere bassi i prezzi dei prodotti alimentari e di garantire una produzione sufficiente per raggiungere la propria sicurezza alimentare (von Braun, 2007).

Il secondo motivo è il sicuro ritorno finanziario. La terra è diventata una nuova fonte di profitto[4], anche per i fondi pensione e per i fondi d'investimento azionario che cercano nuove opportunità dopo il collasso del mercato causato dalla crisi dei derivati.

2.4. Effetti del *land grabbing*

L'analisi dei pro e dei contro dell'acquisizione di terra è stata presentata in un recente rapporto della FAO, dell'*Institute for Environment and Development* (IIED) e dell'*International Fund for Agricultural Development* (IFAD) nel luglio del 2009 (Cotula *et al.*, 2009). Gli autori del rapporto non forniscono risposte definitive, ma cercano di stimolare un dibattito tra gli *stakeholders*, i governi, il settore privato e la società civile. Essi affermano che

> "This fast-evolving context creates opportunities, challenges and risks. Increased investment may bring macro-level benefits (GDP growth and government revenues), and create opportunities for raising local living standards. [...]
> On the other hand, large-scale land acquisitions can result in local people losing access to the resources on which they depend for their food security and livelihoods."
> (Cotula *et al.*, 2009: 15).

Un aspetto molto importante che viene tralasciato è l'impatto ambientale. Lo sfruttamento intensivo ed il conseguente deperimento del terreno, l'abbassamento della falda e l'inquinamento chimico non sono considerati negli accordi. I costi per riparare (o meglio, contenere) questi danni restano a carico del Paese ospitante.

Nel complesso, si può concludere che i rischi politici ed economici di queste acquisizioni sono enormi e gli eventuali vantaggi non riescono a compensare gli svantaggi. In primo luogo, esiste un forte squilibrio in termini di potere contrattuale tra i contraenti, che mette a rischio la sopravvivenza delle fasce di popolazione più povere. Gli investitori stranieri hanno la possibilità di corrompere i funzionari governativi. Pertanto, i piccoli agricoltori non hanno possibilità di far valere i propri diritti e possono essere espropriati.

I contadini non hanno in genere un'istruzione e spesso non si rendono conto delle conseguenze dei contratti. Oltretutto in Africa i contadini non hanno titoli di

[4] La terra per gli investitori stranieri diventa un elemento prezioso, in quanto il suo prezzo è basso mentre spesso il prezzo dei beni alimentari è alto. In questo modo è possibile guadagnare soldi assumendo il controllo dei terreni migliori e delle fonti di acqua vicine.

possesso della terra che coltivano, perché tradizionalmente la terra in Africa è gestita dalle comunità, anche se è lo Stato che legalmente possiede il terreno. Questo fatto mette in pericolo la sopravvivenza dei contadini, poiché il governo che stringe l'accordo con gli investitori stranieri tenderà a ignorare lo sfratto dei piccoli contadini, pensando nel migliore dei casi al benessere di tutta la popolazione a discapito degli agricoltori.

La situazione è resa grave dall'assenza di strumenti legali da applicare per difendere i diritti dei contadini. Inoltre gli accordi tra Paesi ospitanti e investitori sono spesso poco trasparenti, facilitando fenomeni di corruzione[5]. D'altra parte, non ci sono dubbi che i Paesi stranieri coinvolti nelle acquisizioni di terra in Africa, cioè i Paesi del Golfo, India, Cina e Corea del Sud, e quelli che mandano le loro flotte a pescare nelle acque del Senegal o della Somalia intendano assicurarsi una fonte di cibo a basso costo[6].

[5] Anche perché esiste un abisso tra ciò che è scritto nella Costituzione e nei Codici e quello che accade nella realtà.

[6] Si potrebbe pensare che ci sia un ritorno al periodo coloniale, durante il quale i governi dei Paesi europei strinsero con le proprie classi operaie un accordo non scritto, per garantirsi un minimo di consenso: per combattere la fame vennero messi a disposizione delle classi più povere beni alimentari a prezzi bassi, a spese dei milioni di africani ridotti in schiavitù e delle risorse naturali dei Paesi colonizzati.

3. I problemi del *land-grabbing*

3.1. Rapporto di potere ineguale

Ci sono rischi significativi per i paesi ospitanti a causa di un rapporto di potere impari tra i contraenti. Molti degli investitori sono imprese multinazionali ben consolidate o fondi di investimento con un patrimonio di decine di miliardi di dollari. Altri investitori sono i governi di stati facoltosi o imprese/agenzie che agiscono su mandato di un paese. Al contrario, i Paesi ospitanti sono poveri, alcuni coinvolti in guerre o altri politicamente instabili. Solo di pochi si può affermare che siano realmente indipendenti e democratici. Le autorità governative non agiscono sempre nell'interesse della popolazione locale.

Un rapporto dell'Istituto Internazionale per lo Sviluppo Sostenibile (Smaller e Mann, 2009) ha analizzato le acquisizioni di terra nell'ultima decade, dimostrando quanto sia sbilanciato il potere contrattuale dei partecipanti. Generalmente, gli accordi di investimenti bilaterali richiedono ai governi ospitanti di trattare gli investitori stranieri esattamente come investitori locali, tuttavia garantendo agli investitori il diritto di esportare anche tutta la produzione. Gli stati ospiti possono tutelarsi grazie alla possibilità di limitare le esportazioni a causa di una crisi economica (ma non necessariamente in caso di scarsità di cibo) e concede agli investitori stranieri la facoltà di intentare causa contro i governi ospitanti per eventuali perdite di profitto.

Questa protezione viene garantita da clausole contrattuali chiamate clausole di stabilizzazione, molto diffuse nei contratti a lungo termine per l'industria estrattiva (estrazione di petrolio, gas e minerali) nei Paesi in via di sviluppo[7]. Negli ultimi anni le clausole di stabilizzazione sono state usate dagli investitori stranieri per proteggere i propri investimenti da un aumento dei costi che sarebbe risultato dall'entrata in vigore di nuove leggi sulla sicurezza ambientale e sociale.

---

[7] Tali clausole servono a mitigare i rischi che possono provenire da una legislazione arbitraria e discriminatoria verso gli investitori stranieri, a seguito di espropri, nazionalizzazioni o da un annullamento del contratto da parte dello stato ospitante in seguito a nuove leggi. Solitamente i cambiamenti legislativi provocano un aumento dei costi di produzione o richiedono investimenti non previsti dal progetto. Questi aumenti possono ridurre o annullare del tutto la redditività del progetto, ed è qui che entrano in gioco le clausole di stabilizzazione. I risultati principali sono l'immunizzazione degli investimenti esteri dagli effetti di nuove leggi entrate in vigore dopo la stipula del contratto oppure una remunerazione verso gli investitori da parte dello Stato per il mancato guadagno o perdite subite.

Tuttavia, a volte la protezione degli investitori è in conflitto con il compito dei governi di salvaguardare i diritti umani e con la responsabilità degli investitori di rispettare tali diritti. In un rapporto dell'Alto Commissariato per i Diritti Umani dell'ONU, si riconosce il rischio che una subordinazione dei diritti umani ai diritti degli investitori stranieri può comportare:

> "While investment liberalization has focused on the definition of investors' rights, balancing those rights with States' "right to regulate", discussions over investment liberalization have paid less attention to parallel discussions in the United Nations, OECD and ILO defining investors' obligations towards individuals. Yet this risks skewing investment liberalization in favour of investors' rights, losing sight of their conditional nature, possibly to the detriment of the rights and interests of other actors."
>
> (Commission On Human Rights, 2003: 22)

Inoltre, viene rallentato il processo di evoluzione dei diritti umani e sociali, in quanto il loro sviluppo ed applicazione viene disincentivato dalle conseguenze finanziarie negative risultanti dagli obblighi delle clausole di stabilizzazione. Questo problema si fa sentire soprattutto nei Paesi in via di sviluppo, poveri e politicamente instabili, che di queste riforme sociali hanno forte bisogno.

3.2. Interpretazioni conflittuali dell'uso della terra

A volte le acquisizioni di terra vengono appoggiate perché si dice che le aree interessate sono inutilizzate o sono usate solo marginalmente. Eppure, quella che il governo classifica come deserto, può essere una zona di vitale importanza per le popolazioni che lì vivono, specialmente per le famiglie più povere e soprattutto durante periodi di crisi economica, come nel caso degli ultimi anni. Le terra non coltivata può essere usata come pascolo, come fonte di selvaggina e prodotti vegetali, tra cui erbe medicinali, e spesso fornisce accesso a fonti d'acqua. Non va inoltre dimenticato che la biodiversità è la base di ogni ecosistema, ed anche un piccolo cambiamento può avere ripercussioni su tutta una regione.[8]

---

[8] Secondo Michael Taylor, policy specialist della *International Land Coalition*"Se [certa] terra in Africa non è coltivata, probabilmente ci sarà una ragione. Magari è utilizzata come pascolo per il bestiame oppure è stata deliberatamente lasciata incolta per prevenire il depauperamento dei nutrienti e l'erosione. Chiunque abbia visto queste terre, identificate come inutilizzate, capisce che non c'è terra che non abbia proprietari e utilizzatori" (Vidal, 2010).

Molti paesi africani hanno una lunga storia di controversie riguardanti il possesso di terra, partendo dal periodo coloniale. In epoca precoloniale la terra non aveva un valore economico ma spirituale[9]. Con l'arrivo dei primi colonizzatori, la relazione tra uomo (africano) e natura si interruppe bruscamente, in quanto la tratta degli schiavi fece sì che innumerevoli uomini e donne furono portati in America a lavorare in piantagioni e miniere, lasciando così un vuoto nella forza lavoro africana; inoltre la situazione peggiorò quando le terre africane furono destinate a piantagioni di beni di lusso per gli europei. La biodiversità locale fu completamente sconvolta: dove prima esistevano ecosistemi che potevano soddisfare ogni necessità delle popolazioni residenti, furono messe in piedi piantagioni di monoculture. Il risultato fu il crollo dell'agricoltura di sostentamento africana, che portò fame e malnutrizione.

Anche dopo il periodo coloniale i processi per riformare la gestione della terra sono stati problematici, in quanto gli interessi dei coloni erano ben ancorati nelle Costituzioni dei vari stati. Da allora, l'esproprio di terra è stato un potente mezzo politico per affermare la propria identità nazionale, per perseguire scopi quali riconciliazione, giustizia e la legittimazione dello stato.

La richiesta di terreni da parte di investitori stranieri arriva in un momento in cui molti paesi stanno ancora lottando per realizzare con successo una riforma fondiaria; in alcuni casi questi paesi si devono ancora riprendere da guerre civili o dalla scomparsa di regimi non democratici (come quello di *apartheid* in Sud Africa). Gli sforzi per garantire il passaggio e l'attuazione delle politiche fondiarie ed agricole e leggi a favore dei poveri, dei piccoli contadini e della sicurezza alimentare sono facilmente compromessi dagli approcci dettati dal libero mercato.

Unica differenza tra il *land grabbing* e l'esproprio di terra coloniale è la complicità dei dirigenti africani. Per esempio in Etiopia, un paese simbolo della fame in Africa con tredici milioni di persone che dipendono dagli aiuti alimentari dall'estero (Butler, 2010), il governo ha venduto 2,7 milioni di ettari di terre coltivabili a società straniere (Argaw Ashine, 2009).

---

[9] L'antropologa Elizabeth Colson (1971) scriveva che le popolazioni Africane consideravano la terra come oggetto sacro, il quale esisteva indipendente dall'umanità. Secondo la scienziata, la terra aveva la duplice natura, materiale e spirituale, legata ad aspetti culturali, tradizionali e ritualistica.

3.3. Scarse risorse naturali

Il degrado delle risorse naturali, in particolare delle risorse di proprietà comune, incrementa l'insicurezza alimentare e mina la sopravvivenza delle classi di popolazione più povere. Le Nazioni Unite segnalano che il degrado del suolo incide su più di 900 milioni di persone in tutto il mondo, soprattutto nel settore agricolo. Si prevede che ben 1,8 miliardi di persone vivranno in regioni con scarsità d'acqua entro il 2025, e che due terzi della popolazione mondiale potrebbe essere soggetta a stress idrico se la tendenza non cambia (FAO, 2009).

Per prevenire questo scenario è necessario investire nel ripristino dei terreni agricoli, al fine di garantire un futuro di benessere alle comunità locali e del Paese stesso. Il modello dominante per gli investimenti su larga scala nel settore agricolo rimane l'agricoltura industriale, che tende ad utilizzare grandi quantità di acqua dolce, impoverisce il suolo delle sostanze nutritive a costi insostenibili e dipende fortemente dai combustibili fossili (per i macchinari, fertilizzanti, i pesticidi, lo stoccaggio e il trasporto delle merci, che nella maggior parte dei paesi in via di sviluppo devono essere importati e quindi non sono economicamente accessibili a gran parte degli agricoltori).

> "Feeding over 6 billion people – and over 9 billion by 2050 – will require a wide range of creative, sustainable agricultural systems which not only provide food, but also factor in the economic value of nature-based services such as forests, wetlands and soil organisms that underpin agriculture. Simply applying the "industrial" agricultural models of the twentieth century into the twenty-first as a single, global solution will not serve us well."
>
> (UNEP-UNCTAD, 2008: iii).

3.4. Impatto sui piccoli agricoltori e sulle donne

Un certo numero di incentivi offerti dai governi per attirare investitori stranieri aggrava gli svantaggi contro cui i piccoli contadini devono lottare, come la mancanza di potere contrattuale, di accesso ai mercati, di risorse e di diritto alla terra. In generale, i piccoli agricoltori hanno poco rilievo politico e sono poco organizzati. Essi non hanno sempre interessi comuni; anzi, alcuni possono essere in una posizione di vantaggio rispetto ad altri e ciò comporta diverse aspettative e diversi obiettivi. Le comunità si ritrovano divise. Alcune trovano nuove opportunità con l'arrivo di un attore esterno, mentre altre si ritrovano sempre più emarginate, incapaci di soddisfare le esigenze imposte dalle nuove opportunità. Le implicazioni per i produttori locali e per i lavoratori agricoli non sono ancora chiare. Tuttavia, l'esperienza di altri programmi di investimento per le colture da esportazione dovrebbe suggerire ai governi di procedere con notevole cautela, se vogliono evitare di inasprire la povertà e se vogliono trarre vantaggio da queste potenziali opportunità.

Anche le donne devono affrontare sfide particolari legate alle scelte di uso del territorio. Generalmente loro hanno diritto alla terra, ma raramente hanno diritti legali formali. Le donne sono di solito discriminate nel loro diritto alla terra, sia formale, che consuetudinario. La loro capacità di far valere diritti legali e di partecipare alle attività politiche ed istituzionali è spesso ridotta, rendendo i loro diritti vulnerabili agli abusi. Le donne sono in genere piccoli produttori e, come tali, non dispongono di risorse autonome o di garanzie grazie alle quali potrebbero accedere al credito. Se il governo o la comunità si appropriano della loro terra, la loro mancanza di diritti formali nega un qualsiasi ricorso per vie legali.

I nuovi investimenti in agricoltura hanno tutte le potenzialità per fornire alle donne delle opportunità di lavoro. Tuttavia bisogna anche aggiungere che troppo spesso gli impieghi si sono rivelati temporanei, sottopagati ed insicuri. Le donne che lavorano in agricoltura sono esposte ad molestie e violenze sessuali. Loro devono svolgere, parallelamente al lavoro, anche il tradizionale ruolo di moglie/madre, con tutte le conseguenze che ne derivano. Le attività economiche gestite da donne a volte non vengono neanche prese in considerazione dal legislatore, che legiferando non favorisce o addirittura mette a rischio queste attività.

In Ghana, il governo ha concesso del terreno a diversi investitori esteri per la coltivazione di biocarburanti (jatropha e canna da zucchero) (Nyari, 2009). Questi accordi sono stati presi senza effettuare un'adeguata consultazione o negoziazione con le comunità locali. In alcuni casi, le comunità locali sono state espropriate della terra, in quanto ritenuta “marginale”. Altre volte, la mancanza di una consultazione adeguata ha contribuito ad accentuare i conflitti tra i membri delle comunità. Nell'area intorno ad Alipe (Ghana)[10], le donne locali traevano vantaggio economico dagli alberi di Karité,

[10] Nel caso dell'area intorno al villaggio di Alipe, nel Ghana del nord, la norvegese BioFuel Africa – una compagnia sussidiaria della Bio Fuel Norway - aveva preso possesso di 380.00 ettari di terra per coltivare piante di jatropha. Grazie alla protesta dei contadini, insieme all'organizzazione RAINS (*Regional Advisory and Information Network Systems*), il progetto fu fermato, però 2.600 ettari di terra erano già

dalle cui noci si estrae il così detto burro di Karité, con sbocchi alimentari, cosmetici, domestici, medicinali ed industriali. Una delle donne interessate dal disboscamento ha dichiarato: "Le noci di Karité che riesco a cogliere durante l'anno mi aiutano a far sì che i miei figli vadano a scuola, ad acquistare vestiti e a compensare lo scarso raccolto di mio marito nei periodi di magra. Ma quest'anno non potrò contarci perché gli alberi sono stati tagliati. Adesso hanno distrutto gli alberi e abbiamo perso un'importante fonte di reddito, oltretutto finora non abbiamo ricevuto neanche un indennizzo" (ActionAid, 2008: 17).

3.5. Mancanza di trasparenza

La pratica comune dei governi e degli investitori privati di non rendere pubblici i contratti, così come di non rendere note le trattative in corso, rende non solo difficile la stima del fenomeno del *land grabbing*, ma impedisce anche di valutare i possibili effetti (positivi e negativi) di un progetto sugli individui, le comunità e gli ambienti interessati.

Questa sfera di riservatezza che si crea intorno alle trattative fa sì che ci siano discrepanze tra i dati riportati dai media, quelli dichiarati dagli investitori stranieri e quelli dei comunicati ufficiali dei governi. Ad esempio, un accordo del 2009 vedeva Philippe Heilberg assicurarsi 400.000 ettari di terra in Sudan, un investimento secondo solo a quello della Daewoo in Madagascar (*cfr.* par. 4.1). Tuttavia, la notizia dapprima fu riportata solo dai media stranieri e omessa dai comunicati ufficiali del governo.

Anche lo studio congiunto di IIED, FAO e IFAD si è trovato di fronte questo problema:

> "In the course of this study, research revealed that in most of the focus countries (with the partial exceptions of Ethiopia and Sudan), basic data on the size, nature and location of land investments were not accessible through the national land registry or other notionally public sources. Researchers needed to make multiple contacts and meetings with government officials to access even superficial and incomplete information on land acquisitions over the past five years. Even in countries where there are official "land banks" available for investment, records may be incomplete, contradictory or not communicated to the relevant district administrations themselves."
>
> (Cotula *et al.*, 2009: 69)

---

stati disboscati. Ormai il loro stile di vita tradizionale è stato irreparabilmente alterato (Biofuelwatch, 2008).

A causa di questa mancanza di trasparenza la società civile ha grandi difficoltà a partecipare ai dibattiti e alle negoziazioni. Anche il reperimento delle informazioni non è cosa semplice.

Per quanto concerne i governi ospitanti, ci sono diversi livelli di autorità e interessi politici che si scontrano tra loro.[11] Può accadere che alcuni ministeri siano coinvolti nella negoziazione del contratto mentre altri, che avrebbero uguale interesse a partecipare, siano esclusi. Spesso i governi locali, così come le comunità direttamente coinvolte dall'accordo, non hanno voce in capitolo nelle negoziazioni o vengono fatte trapelare solo le opinioni a favore del progetto, quando invece ogni singola classe sociale e lavorativa, così come ogni genere, ha una propria considerazione sull'argomento. Così facendo si escludono voci critiche dal dibattito, mentre chi detiene abbastanza potere politico o finanziario può indirizzare le trattative a proprio favore (Cash *et al.*, 2006).

[11] Per un'analisi più completa della problematica si veda Young, O., 2006. Scale and cross-scale dynamics: governance and information in a multilevel world. *Ecology and Society* 11(2): 8. Scaricabile da: http://www.ecologyandsociety.org/vol11/iss2/art8/

4. Uno sguardo ad alcuni casi di studio

In questo capitolo saranno affrontati diversi casi di studio, per spiegare con esempi concreti come si sta sviluppando il *land grabbing*.

I Paesi ospitanti, al contrario di quello che si potrebbe pensare, non sono sempre Paesi alimentarmente autosufficienti o ricchi di terra coltivabile inutilizzata. Nella gran parte dei casi i Paesi ospitanti sono poveri e per lo più con popolazione sottoalimentata. Solitamente questi Paesi vendono o affittano la propria terra per garantirsi la benevolenza dei Paesi investitori, i quali promettono finanziamenti di opere pubbliche (ospedali, strade, ecc.) e posti di lavoro per la popolazione locale. Come Paese ospitante sarà preso in considerazione il Madagascar, anche se si tratta di un'eccezione all'interno del fenomeno, in quanto è l'unico Paese ospitante nel quale si sono verificate forti proteste che hanno avuto drastiche conseguenze.

Nel ruolo di Paesi investitori saranno presi in considerazione gli Stati del Golfo Persico e la Cina, i quali ben rappresentano le due tipologie di Paesi investitori presenti sulla scena mondiale[12].

4.1. Madagascar

I contadini del Madagascar hanno aperto la strada ad una possibile strategia contro la vendita di ampie superfici di terra coltivabile. Questo esempio di resistenza all'imposizione di un accordo di *leasing* di terra è unico nel suo genere e, pertanto, non è facile replicare la strada tracciata dal Madagascar.

Nel 2008 la Daewoo Logistics Corporation, un'azienda affiliata alla sudcoreana Daewoo Corporation, iniziò a trattare con il governo del Madagascar l'acquisizione di terra coltivabile. I dettagli resi pubblici furono pochi e vaghi. Dopo un annuncio iniziale delle negoziazioni, diversi media pubblicarono articoli riguardanti l'accordo. Il *Financial Times* (19 novembre 2008) riportò la notizia che oggetto dell'accordo era un contratto di affitto di 1,3 milioni di ettari per 99 anni, in cambio di posti di lavoro per la popolazione malgascia e di infrastrutture. L'obiettivo della compagnia sudcoreana era di assicurarsi l'approvvigionamento di cereali, in particolar modo mais come mangime per animali e come sciroppo esclusivamente per l'esportazione in Sud Corea, per un valore di 6

[12] In questo capitolo non verranno trattate le imprese e compagnie multinazionali che agiscono come investitori, in quanto sono ben pochi i dati che si riescono a trovare al riguardo.

miliardi di dollari. La terra restante sarebbe stata dedicata alla coltivazione di biocarburanti (palma da olio).

A queste rivelazioni seguirono una serie di proteste che sfociarono con il colpo di stato contro il presidente Ravalomanana. Le proteste iniziarono nel gennaio 2009 e furono organizzate dal leader dell'opposizione Rajoelina, a quel tempo sindaco della capitale malgascia Antananarivo. Questo evento è importante, perché il Madagascar è l'unico Paese finora ad essersi ribellato all'appropriazione di terra da parte di un Paese estero. Ma le proteste non erano indirizzate all'investimento in sé, bensì alle condizioni nelle quali è stato stretto l'accordo tra le autorità e i rappresentanti della Daewoo. Le critiche più forti erano indirizzate verso la mancanza di trasparenza, la complicità dei funzionari statali locali e dal fatto che, prima che scoppiasse lo scandalo, le persone informate non avevano detto nulla per paura di rappresaglie (Terres Malgaches, 2008).

Altre critiche furono mosse nei confronti dell'estensione della superficie in questione. La paura era che il futuro della popolazione malgascia sarebbe stato in pericolo, in quanto numerose famiglie sarebbero state sfrattate dalla terra dove vivevano e si sarebbero trasferite nei centri urbani; quindi, la produzione di beni alimentari sarebbe diminuita, minando la sovranità alimentare del Paese, e la disoccupazione nei centri urbani sarebbe aumentata. I beni agricoli prodotti sarebbero stati inoltre esportati in Corea del Sud, senza nessun beneficio per il Madagascar.

Dapprima pacifiche, le manifestazioni divennero violente e il presidente Ravalomanana rispose dando l'ordine di "fermarle a qualsiasi costo". Nel febbraio 2009, la polizia sparò sulla folla, provocando la morte di più di 50 manifestanti.[13] Un mese più tardi l'esercito malgascio insediò Rajoelina negli uffici presidenziali.

Come primo atto da presidente, Rajoelina cancellò il contratto con la Daewoo. Di fatto, era quello l'obiettivo che la popolazione malgascia voleva raggiungere. Il Ministro delle riforme agricole confermò l'annullamento del contratto, spiegando che "l'approccio non era quello giusto", ma aggiungendo che "il progetto in sé non era male e progetti simili sono benvenuti". Quando poco dopo si scoprì che più di 450.000 ettari di terra erano stati affittati alla compagnia indiana Varun International per coltivare riso da esportare in India, venne annullato anche quell'accordo (Gwynne, 2009).

[13] Alla fine del periodo delle proteste, i morti furono più di cento.

4.2. Paesi del Golfo

I Paesi del Golfo - Bahrain, Kuwait, Oman, Qatar, Arabia Saudita ed Emirati Arabi Uniti - hanno da sempre avuto problemi di scarsità di cibo, in quanto la terra coltivabile all'interno dei loro confini è molto limitata (negli EAU la superficie coltivabile è lo 0.77%, al confronto nella Repubblica Popolare Cinese è del 14.86%, negli USA 18.01% (CIA, 2010)), e l'acqua disponibile è insufficiente per soddisfare contemporaneamente il fabbisogno umano, quello animale e quello agricolo. Tuttavia i Paesi del Golfo possono fare affidamento sui proventi derivanti dalla vendita di petrolio, avendo così la possibilità di coprire il proprio fabbisogno alimentare importando prodotti dall'estero.

Con l'aumento del prezzo dei beni alimentari sul mercato globale e la svalutazione del dollaro[14] gli Stati del Golfo hanno subito una "doppia inflazione". Le spese per le importazione di generi alimentari sono raddoppiate da 10 a 20 miliardi di dollari statunitensi nel periodo 2005-2007 (Woertz, 2009).

Prendendo l'Arabia Saudita come rappresentante dei Paesi del Golfo, possiamo ben distinguere le diverse fasi che si sono susseguite nel tempo. Nel corso degli anni, agricoltura ed allevamento hanno registrato un forte aumento, grazie a sussidi del Ministero dell'Agricoltura. In questo modo la produzione di grano è aumentata notevolmente, da circa 3.000 tonnellate alla fine degli anni 1970 fino a oltre 4 miliardi di tonnellate nel 1992. A quel punto, dopo aver raggiunto l'autosufficienza già nel 1984, l'Arabia Saudita è diventato uno dei primi dieci Paesi esportatori di grano.

Ciò nonostante, il sovrasfruttamento del terreno e delle risorse idriche, con conseguente abbassamento della falda, cominciò a farsi sentire all'inizio degli anni 1990, comportando una continua regressione della produzione. Nel 2006 l'Arabia Saudita ha cessato le esportazioni e nel 2008 il governo saudita ha deciso di abbandonare gradualmente la produzione di grano entro il 2016: il deficit di offerta sarebbe stato coperto con l'acquisto di prodotti agricoli sul mercato globale o delocalizzando la produzione all'estero.

Il problema è molto serio. La popolazione dell'Arabia Saudita è in costante aumento, grazie agli sforzi del governo per promuovere famiglie con molti figli e

---

[14] Le monete dei Paesi del Golfo sono infatti tutte agganciate al dollaro statunitense, ad eccezione del dinaro kuwaitiano.

all'aumento dell'efficienza del servizio sanitario: il tasso di natalità saudita nel 2009 è stato del 28,55 per mille, a fronte di una media mondiale del 19,95 per mille; per quanto riguarda il tasso di mortalità, l'Arabia Saudita ha registrato nel 2009 2,49 morti su mille abitanti nel 2008, mentre la media mondiale nel 2007 era di 8,37 (Wikipedia, 2010). Con l'aumento della popolazione, anche il fabbisogno di alimenti è cresciuto e il Paese corre il rischio di divenire completamente dipendente dalle esportazioni di generi alimentari.

Per ovviare a questo problema, l'Arabia Saudita si è mossa già a metà 2008 per cercare terra o partner in varie parti del mondo. Nell'agosto 2008 l'ambasciatore saudita in Brasile aveva sondato la possibilità di investimenti nel settore agricolo nel paese latino americano[15]. Sempre nello stesso periodo, investitori privati sauditi si erano mossi per acquisire terreni in Egitto, nelle Filippine, in Turchia, in Uganda e in Ucraina. Nel contempo, il Primo Ministro etiope, Meles Zenawi, dichiarò al *Financial Times* che era disponibile a garantire agli investitori sauditi "centinaia di migliaia" di ettari di terra coltivabile (GRAIN, 2009)[16].

Rimanendo in Africa, l'Hail Agricultural Development Company (HADCO), una compagnia agroalimentare saudita, ha firmato con il Sudan un accordo per l'affitto di oltre 10.000 ettari a nord di Khartoum per 95 milioni di dollari, con il fine di produrre grano, prodotti orticoli e mangimi per animali da esportare in Arabia Saudita (GRAIN, 2009). Il Gruppo Bin Laden invece ha firmato un accordo per investire più di 4 miliardi di dollari come Middle East Foodstuff Consortium, un consorzio di 15 investitori sauditi, per coltivare 500.000 ettari a riso in Indonesia[17]. Lo scopo è la produzione di riso basmati da esportare in Arabia Saudita, usando sementi saudite, anche se questo progetto non è che solo l'inizio della realizzazione di un piano più ampio, che prevede l'acquisizione di altri 1,1 milioni di ettari da coltivare a mais, sorgo, soia e canna da zucchero (da trasformare poi in biocarburanti). Il gruppo Bin Laden possiede il 15% del

---

[15] L'idea era di lanciare una joint-venture per la produzione di generi alimentari, nella quale il Brasile avrebbe fornito terra e *know-how*, l'Arabia Saudita i capitali e Singapore si sarebbe incaricata degli aspetti logistici.

[16] È interessante osservare che lo stesso Meles, dopo la sua entrata in carica, aveva implementato una riforma fondiaria redistributiva, espropriando quei terreni che durante la monarchia erano concentrati in poche mani. Inoltre, il diritto alla terra e l'appartenenza di essa al popolo sono persino fissati nella Costituzione del 1994: "*Article 40 The Right to Property [...] 3. The right to own rural and urban land as well as natural resources belongs only to the state and the people. Land is an inalienable common property of the nations, nationalities and peoples of Ethiopia.*"

[17] Il gruppo saudita ha affermato che sarebbe disposto a dedicare parte del riso raccolto al mercato locale, per "evitare che la gente crei problemi".

conglomerato Bakrie & Brothers, impegnato in Indonesia nella coltivazione di palma da olio e nell'industria mineraria (GRAIN, 2009).

Per quanto riguarda gli Emirati Arabi Uniti, la holding Al-Qudra ha intenzione di acquisire 400.000 ettari di terra in diversi Paesi, tra cui Egitto, Eritrea, Marocco, Pakistan, Sudan, Siria e Tailandia. Lo scopo è di produrre grano, mais, riso, prodotti orticoli e bestiame. La terra verrebbe coltivata in seguito a contratti di affitto della durata di 20-30 anni, concessioni o acquisto diretto. Nel Marocco la società è già entrata in possesso di 1.500 ettari per l'allevamento di bestiame da carne e da latte. L'amministratore delegato Mehmood Ebrahim Al Mehmood ha affermato che il 40% degli investimenti saranno indirizzati nella produzione di mais, anche se non ha aggiunto se esso sarà convertito in biodiesel (GRAIN, 2009). Come l'Arabia Saudita, anche gli EAU stanno investendo in Sudan. Gli investimenti raggiungono i 375.000 ettari di terra; fonti non ufficiali affermano che non ci sarebbe nessun canone di affitto. L'obiettivo sarebbe la produzione di grano, mais, erba medica e patate (GRAIN, 2009).

Gli interessi degli Emirati Arabi sbarcano anche in Pakistan, dove sono in corso contrattazioni per l'acquisto di circa 60.000 ettari di terra nelle provincie del Punjab e Sindh, per un investimento complessivo intorno ai 500 milioni di dollari (GRAIN, 2009). Gli investitori sono, nell'ordine, alcuni rappresentati del Ministero dell'Economia degli EAU, due compagnie statali di investimento, diverse cooperative e vari investitori privati. Dalla parte del Pakistan gli interlocutori sono alcuni rappresentanti del governo e dei proprietari terrieri. Tuttavia ci sono ancora opinioni discordanti che impediscono la conclusione delle trattative, in quanto gli EAU pretendono che la terra in discussione sia esentata dalle norme restrittive che riguardano le esportazioni di alimenti, in quanto esse limiterebbero le esportazioni in caso di crisi alimentari o economiche. L'obiettivo dei Paesi investitori invece è proprio quello di assicurarsi un afflusso di generi alimentari proprio nei momenti di crisi, in modo da essere indipendenti dall'andamento dei prezzi e dalla disponibilità delle merci. Sempre in Pakistan, la compagnia privata Abraaj Capital ha acquistato 320.000 ettari di terra dichiarata "sterile", per produrre riso e grano (GRAIN, 2009). Le intenzioni della compagnia sono di continuare ad investire in Pakistan per ottenere carne e prodotti caseari.

In Pakistan troviamo anche compagnie di altri Paesi del Golfo, come ad esempio il MAP (Market Access Promotion) Services Group[18] del Bahrein e la Qatar Company for Meat and Livestock Trading (Mawashi) del Qatar[19] (GRAIN, 2009).

Ma i Paesi del Golfo non agiscono solamente in maniera individuale. Nel marzo 2008, i Paesi membri del *Cooperation Council for the Arab States of the Gulf*[20] si sono messi d'accordo per creare una joint corporation o un fondo comune per produrre generi alimentari in Asia sud-orientale, Brasile e Paesi arabi, al fine di soddisfare la domanda dei propri mercati interni. Hanno inoltre proposto di mettere in piedi una squadra di lavoro per monitorare il progetto e di elaborare una strategia comune per la produzione e l'acquisto di generi alimentari (GRAIN, 2009).

4.3. Cina

La Cina rappresenta un caso molto particolare, sia per le motivazioni che la spingono a cercare terra coltivabile all'estero, sia per l'estensione delle misure adottate dal Paese per assicurarsi l'autosufficienza alimentare. Inoltre la Cina è uno di quei Paesi che sono al tempo stesso sia ospitanti sia investitori, creando una contraddizione nei termini.

Peraltro, la Cina ha un legame molto forte, seppur recente, con i Paesi africani. Grazie alla sua politica estera di "*no political strings*" (Alden, 2010) e di aiuti e prestiti agevolati, il commercio tra Africa e Cina è molto appetibile per i Paesi del continente nero. La strategia di Deng Xiaoping[21] si è rivelata azzeccata per minare la leadership delle ex potenze coloniali in Africa. Per la Repubblica Popolare Cinese, l'Africa rappresenta un partner commerciale molto più affidabile degli instabili Paesi mediorientali (come l'Iran e l'Iraq prima dell'occupazione americana nel 2003), e meno ideologizzato politicamente rispetto a Stati Uniti ed Unione Europea, i quali spesso rimproverano alla Cina una linea di condotta interna ed esterna che collide con i diritti universali dell'uomo.

---

[18] Il MAP vuole sviluppare 10 aziende zootecniche per l'ottenimento di carne e prodotti lattiero-caseari.

[19] Gli investimenti previsti ammontano a un miliardo di dollari.

[20] I cui membri sono: Bahrein, Qatar, Kuwait, Oman, Arabia Saudita ed EAU.

[21] "*Observe calmly; secure our position; cope with affairs calmly; hide our capacities and bide our time; be good at maintaining a low profile; never claim leadership.*" (riportato in "Deng Puts Forward New 12-Character Guiding Principle for Internal and Foreign Policies," *Ching Pao* (Hong Kong), No. 172, pp. 84-86, 5 November 1991).

Per i Paesi africani, la Cina rappresenta un partner commerciale con cui è possibile relazionarsi in maniera del tutto non ideologica. L'attuale Primo Ministro, Wen Jiabao, dichiarò al giornale del partito comunista cinese che la Cina avrebbe offerto all'Africa la sua assistenza con la più profonda sincerità e senza alcuna condizione politica (*People's Daily*, 16 dicembre 2003). Al contrario, gli Stati Uniti e gli stati dell'Unione Europea hanno spesso imposto le proprie condizioni per investire in Africa, e obbligano anche le compagnie private a seguire le linee guida da loro dettate. Per molte élite africane queste condizioni vengono vissute come una minaccia alla propria autorità.

Di seguito sono analizzate le principali motivazioni che spingono la Cina ad acquisire terreni all'estero e le strategie adottare dal Paese per raggiungere tale scopo.

4.3.1. Inquinamento

La Cina, il Paese con il più alto tasso di crescita economica del mondo negli ultimi due decenni, produce una quantità immensa di inquinamento, contaminando aria e acqua, con effetti negativi non solo sull'ambiente, ma anche sulla salute dei cittadini.

Secondo Zhu Guangyao, vice direttore dell'Ente Statale cinese per la protezione dell'ambiente (SEPA), il compito più importante e difficile per la Cina è il controllo dell'inquinamento delle acque, con particolare attenzione a garantire acqua potabile alla popolazione.[22]

Secondo il report *"State of the World 2006"* (WWI, 2006), la Cina ha appena l'8% dell'acqua dolce del pianeta, con la quale deve soddisfare le esigenze del 22% della popolazione del pianeta. Il gravissimo inquinamento riduce la disponibilità d'acqua, rendendola in pratica inutilizzabile. Nel 2004 la qualità dell'acqua è stata monitorata in 412 siti nei sette fiumi principali e nel 58% dei casi l'acqua è risultata troppo inquinata per il consumo umano. Il problema dell'inquinamento dell'acqua, seppur riconosciuto dalle autorità cinesi, non è stato affatto risolto e non più di un terzo dei villaggi nelle zone rurali hanno accesso ad acqua pulita, sia che provenga da pozzi o da altre fonti.[23]

---

[22] Il 5 giugno 2006 Zhu Guangyao, nel presentare il secondo libro bianco, una relazione che analizza l'evoluzione dello stato ambientale del Paese e delle politiche per la protezione dell'ambiente dal 1996 al 2005, ha affermato che le perdite economiche in conseguenza all'inquinamento raggiungono il 10% del prodotto interno lordo della Cina (*China Daily*, 6 maggio 2006).

[23] Nelle pubblicazioni ufficiali riguardanti i programmi di protezione sanitaria gli accenni al miglioramento della qualità dell'acqua sono rari, eppure l'inquinamento dell'acqua provoca interferenze

Le cause sono principalmente la diffusione delle tecnologie agronomiche moderne e l'industrializzazione esponenziale che si è avuta in Cina. L'acqua è stata contaminata da tutta una serie di nuovi agenti chimici, quali policlorobifenili, clorofenoli, solventi organici, benzeni e metalli pesanti, che non vengono rimossi dal filtraggio, dall'assorbimento e dall'azione dei microrganismi del suolo. Particolarmente dannosi sono i pesticidi organoclorurati e l'accumulo di nitrati provenienti dai fertilizzanti utilizzati in agricoltura. Queste molecole penetrano quindi nel suolo e raggiungono le falde acquifere dalle quali le comunità rurali prelevano l'acqua per il proprio fabbisogno, quello degli animali e dell'attività agricola (Chao, 2005).

Oltre all'inquinamento dell'acqua, anche l'inquinamento atmosferico è un problema critico, causato anch'esso dalla rapida crescita e dalla forte dipendenza dall'energia prodotta dal carbone. Il problema viene amplificato dalle frequenti tempeste di sabbia e dal boom di progetti di edilizia urbana. Oltretutto è anche cresciuto il numero di veicoli sulle strade, 2,4 milioni nel 1984 e 160 milioni nel 2008 (Chinatoday, 2011), che ormai congestionano il traffico delle grandi città cinesi. Inoltre, il parco macchine cinese è in genere poco avanzato, il che amplifica il problema delle emissioni degli autoveicoli. Le piccole industrie e le TVE[24] aggravano ulteriormente la situazione, in quanto non vengono effettuati i controlli delle emissioni e dell'inquinamento.

L'inquinamento risultante dall'estrazione del carbone è responsabile per il 70% del particolato carbonioso (*soot*), dell'85% della SO_2, il 67% del NO_x e l'80% della CO_2 (Greenpeace, 2008). La produzione di metano, gas serra 21 volte più potente della CO_2, ha raggiunto i 15 miliardi di metri cubi nel 2005, corrispondenti a 220 milioni di tonnellate di CO_2. Tutto questo inquinamento fa sì che l'aria della Cina sia ricca di biossido di zolfo, causa di piogge acide[25]. Greenpeace (2008) stima che circa il 30% del

con il sistema immunitario umano ed animale, con conseguenze che arrivano fino al cancro e deformità natali.

[24] Le *Township and Village Enterprises* (TVE) hanno giocato un ruolo significativo nella crescita economica cinese dopo le riforme economiche del 1978. Le TVE sono spesso molto più efficiente rispetto alle tradizionali imprese statali (*state-owned enterprises*, SOE).. La loro gestione adattabile a domanda e offerta ed la loro apertura verso l'esterno contribuiscono alla loro efficienza produttiva, rendendole competitive anche sui mercati internazionali.

[25] La pioggia acida si forma quando NO_x e CO_x si combinano con l'acqua e l'ossigeno dell'aria. La formazione di acidi solforici e nitrici peggiorano le caratteristiche biologiche, fisiche e chimiche del terreno, in quanto alcuni microrganismi non tollerano abbassamenti di pH e si assiste quindi ad una "sterilizzazione" del terreno, inoltre vengono mobilizzate sostanze tossiche come l'alluminio. Tale mobilitazione sottrae al terreno nutrienti essenziali e minerali, avviando un processo di desertificazione.

terreno agricolo della Cina soffre di acidificazione, e il danno per le aziende agricole, forestali e per la salute umana è valutato intorno ai 13 miliardi di dollari (WWI, 2006).

"Si stima che in tutto il Paese l'inquinamento da metalli pesanti nel suolo contamini 12 milioni di tonnellate di grano all'anno. Le perdite economiche dirette superano i 20 miliardi di yuan [circa 2,5 miliardi di dollari]," ha affermato Zhou Shengxian, direttore del SEPA (2006). Le sostanze pericolose nel terreno rappresenterebbero un rischio per la salute umana, in quanto sarebbero assorbite dalle colture destinate al mercato alimentare. La Cina nel 2005 aveva circa 120 milioni di ettari di terra coltivabile, di cui però 10 milioni di ettari contaminati dall'inquinamento da metalli pesanti, ed il 40% è soggetto ad erosione, impoverimenti di nutrienti e salinizzazione secondaria (WWI). Rimangono quindi circa 60 milioni di ettari di terreno "sano".

4.3.2. Terreno destinato ad usi non agricoli

> "In China, urban sprawl significantly reduced the land area devoted to agriculture. As a result, China lost its independence in food production"
>
> (Olson, 1996)

La popolazione cinese si raccoglie principalmente sulla costa orientale (come si può vedere dalla fig. 1), ed essendo questa la regione dove l'agricoltura è maggiormente concentrata (fig. 2), l'espansione urbana avviene in primis a danno della terra coltivabile, diminuendo la superficie di terra fertile (Chen, 2006).

Figura 1: Densità della popolazione cinese

Figura 2: Zone coltivate in Cina

Fonte: Wikipedia, the free encyclopedia, 2010.

Le conseguenze di questo fenomeno sono sostanzialmente le seguenti:

- perdita di suolo potenzialmente produttivo, innanzitutto da parte di contadini, per i quali esso rappresenta la principale fonte di sussistenza e di lavoro;
- la perdita di suolo potenzialmente produttivo significa che l'autosufficienza alimentare non è più garantita e ne consegue che la Cina diventa dipendente da altri Paesi;
- il suolo (con le sue caratteristiche fisico-chimiche-biologiche) viene perso per un lungo tempo (in casi estremi, irreversibilmente). L'impatto sull'ecosistema e il cambiamento delle condizioni microclimatiche sono danni irreparabili.

La preoccupazione principale è quella di non poter sostenere la perdita di terra coltivabile e la correlata diminuzione della produzione di generi alimentari in rapporto all'aumento della popolazione urbana[26]. Secondo le statistiche ufficiali del Governo cinese, la superficie occupata dai centri abitati è aumentata del 118% dal 1990 al 2003, passando da 1,28 milioni di ettari a 2,8 milioni di ettari (Lu *et al.*, 2005). La perdita di terra coltivabile dovuta alla conversione in insediamenti urbani o industriali ammonta al 21% nel periodo 1986-1995. Dal 1986 al 1995 la perdita media annua è stata di 142.700 ettari, mentre nel periodo dal 1997 al 2003 la media è stata di quasi 200.000 ettari (NBS, 1996–2003; MCC, 2002–2004).

Considerando i tassi di crescita riportati in tabella 1, si può stimare che nel 2050 la popolazione urbana della Cina aumenterà a circa 926 milioni di persone (nel 2005 erano 572). Nel 2030 la popolazione urbana supererà il miliardo di persone (Wikipedia, 2010). La costruzione di alloggi, sistemi di trasporto, fabbriche e industrie per soddisfare il fabbisogno di beni base di tutte queste persone andranno ad incidere ancora di più sulla perdita di terra coltivabile, minando l'autosufficienza alimentare del Paese.

Tabella 1: Tassi di crescita della popolazione urbana (%)

[26] Il problema della scarsità di terra si riflette anche sulla sepoltura dei defunti. Nei cimiteri (come ad esempio nella città di Tianjing) si utilizza una strategia orientata al risparmio, all'efficienza e alla sostenibilità ambientale. Il problema delle sepolture è una questione seria in Cina. Va, infatti, considerato il fatto che ogni anno ci sono dieci milioni di decessi che, insieme ad agricoltura ed urbanizzazione, competono per la poca terra ancora disponibile. Ciò fa sì che i prezzi delle tombe siano a volte anche superiori a quelli degli appartamenti.

Regione/Paese	1985-1990	1990-1995	1995-2000	2000-2005
Asia	3,78	3,09	2,88	2,61
China	5,04	3,77	3,52	3,08
Europa	0,78	0,37	0,14	0,13
Mondo	2,70	2,33	2,18	2,04

Fonte: Wikipedia, the free encyclopedia

4.3.3. Investimenti esteri in Cina

Il Giappone, rappresentato dalle compagnie Asahi, Itochu e Sumimoto, è il primo investitore in Cina per quanto riguarda la superficie di terra acquisita. Nella provincia di Shandong, sulla costa orientale, le tre compagnie hanno acquistato 100 ettari di terra coltivabile nel giugno 2006, al fine di coltivare ortaggi, frutti e allevare bestiame (GRAIN, 2008).

Nel 2007, la compagnia Asahi ha messo in piedi un'azienda lattiera. Le vacche sono state importate dall'Australia. La commercializzazione del latte avviene dalla fine del 2008, sia in Giappone che in Cina (GRAIN, 2008).

Nell'agosto 2008, Itochu ha formato una *joint venture* con COFCO, la più grande compagnia cinese operante nel settore alimentare, per poter agire più liberamente nel mercato cinese (GRAIN, 2008).

Ma non sono solo i vicini ad interessarsi alla terra cinese. Sia la Deutsche Bank che la Goldman Sachs hanno mostrato interesse per allevare pollame in Cina. La Goldman Sachs ha già investito 300 milioni di dollari in dieci aziende di pollicoltura nelle province Hunan e Fujian (GRAIN, 2008).

4.3.4. Investimenti cinesi all'estero

Nella politica agricola di oltremare si può vedere una strategia basata sulla ricerca di terre in Paesi che sono in buoni rapporti con la Repubblica Popolare Cinese, dotati di abbondanti materie prime, una forza lavoro a basso costo e stabilità politica. Individuata una possibile *location*, le compagnie cinesi più competenti e con sufficienti risorse finanziarie sono incoraggiate ad investire in questo possibile progetto (Freeman *et al.*, 2009).

Il Ministero dell'Agricoltura cinese si è incaricato di redigere delle linee guida per la coltivazione, atte ad incentivare ed incoraggiare imprese cinesi nell'acquisto o nell'affitto di terre estere destinate all'agricoltura. La produzione all'estero di prodotti agricoli destinati al mercato Cinese comprende riso, soia e mais, insieme a coltivazioni per i biocarburanti, quali canna da zucchero e sorgo. Il riso coltivato all'estero è quasi esclusivamente riso ibrido, sviluppatosi da semi importati dalla Cina (GRAIN, 2009; Horta, 2010).

Nel 2006, il Presidente cinese, il Premier ed il Ministro degli esteri hanno visitato 16 Paesi africani alla ricerca di partners, e nel novembre dello stesso anno hanno ricevuto delegati da 48 stati africani che in cambio del riconoscimento della Repubblica Popolare Cinese (e del non riconoscimento di Taiwan come stato sovrano) avrebbero ricevuto delle agevolazioni finanziarie (fino a cinque miliardi di dollari di prestito) ed altri tipi di assistenza (Dixon, 2007). In questo modo la Cina aumenta la competizione per le risorse africane (specialmente il petrolio) ed ha indebolito il vincolo che lega gli stati africani agli Stati Uniti e all'Europa.

Nel giugno 2008, il vice presidente sudanese Ali Osman Mohammed Taha ha firmato un accordo con il governo cinese, che prevede una cooperazione economica e tecnologica in campo finanziario, sanitario e pubblico. In cambio di terra coltivabile, il governo di Pechino ha concesso un prestito senza alcun tasso di interesse, la costruzione di un centro agronomico a Gedaref, nell'Est del Sudan, e un ospedale nello stato del Nilo Azzurro (GRAIN, 2008).

Ma il Sudan non è che un tassello sul tavolo da gioco della potenza cinese per mantenere la propria autosufficienza alimentare. In Camerun, Jianjun Wang, uomo d'affari cinese, è proprietario di 10.000 ettari di terra coltivata a riso, che si suppone venga poi esportato in Cina (GRAIN, 2008).

Nel 2008 in Tanzania, la compagnia cinese Chongquing Seed Corp ha affittato 300 ettari per la produzione di sementi di riso ibrido. Secondo i suoi portavoce, la Chongquing assolderà personale locale per la produzione delle sementi, che saranno poi esportate in Cina. Un progetto simile è stato effettuato anche in Nigeria e Laos (GRAIN, 2008).

Nello stesso anno, Cina e Filippine hanno siglato ben diciotto accordi riguardanti la terra, per una superficie complessiva di 1,24 milioni di ettari per coltivare riso, mais, canna da zucchero, sorgo e praticare l'acquacoltura. Tuttavia questi accordi sono stati sospesi a fronte di proteste da parte della popolazione che non vedono di buon occhio gli accordi (GRAIN, 2008).

5. Conclusioni

Il *land grabbing* è un fenomeno estremamente dibattuto, che ha sollevato molte perplessità, soprattutto nei media, perché viene visto come un'espropriazione dei diritti dei gruppi più svantaggiati (lavoro e soddisfacimento dei fabbisogni alimentari). D'altra parte, è stato visto anche come un mezzo per favorire investimenti che sono necessari per dare ai PVS la possibilità di svilupparsi e di prosperare.

Il *land grabbing* porta con sé due problematiche: da una parte viene aumentata la concentrazione di terra nelle mani di pochi, con conseguenze gravi quali l'espulsione dei piccoli contadini dai territori fino ad allora coltivati, la disgregazione delle strutture sociali presenti in loco, l'aumento di povertà e fame a causa della perdita della terra come fonte di cibo e lavoro, la diffusione di conflitti violenti nelle zone più povere e l'incremento dell'urbanesimo, già fortemente presente nei Paesi in via di sviluppo.

L'altra problematica è legata strettamente alla dimensione delle superfici agricole coinvolte, per le quali vengono applicate tecniche agronomiche che hanno ripercussioni negative sull'ambiente. Per la gestione di grandi superfici vengono, infatti, impiegati modelli di produzione orientati principalmente a minimizzare i costi e massimizzare i profitti, che comportano l'intensificazione dell'agricoltura e lo sfruttamento non sostenibile elle risorse, tramite l'uso massiccio di energia, acqua, pesticidi e fertilizzanti chimici.

Una valutazione quantitativa del fenomeno è piuttosto difficile perché le informazioni al riguardo sono poche, contraddittorie e non confermate da fonti ufficiali, anche se c'è la sensazione diffusa che il fenomeno sia in crescita. L'aumento del fenomeno dimostra che i diritti (alla terra, ma non solo) delle popolazioni in molti Paesi non sono salvaguardati e sono spesso violati. Di importanza vitale è quindi non solo l'incentivazione di una gestione dei terreni agricoli che favorisca le fasce di popolazione più deboli, ma soprattutto l'incentivazione delle riforme agrarie democratiche a scopo redistributivo.

I Paesi investitori invece dovrebbero prendere coscienza del fatto che l'uso della biomassa a scopi energetici non può essere anteposto a un uso non sostenibile della natura e all'infrazione dei diritti universali dell'uomo. Non si può pensare che questo problema si risolva creando un sistema di certificazione che sia da garanzia per un'agricoltura biologica nel rispetto di standard lavorativi e sociali. La coltivazione e l'esportazione di piante per biocarburanti deve avvenire nel rispetto dei principi umanitari e di sostenibilità ambientale.

Una valutazione del fenomeno è piuttosto difficile perché le informazioni al riguardo sono poche, contraddittorie e non confermate da fonti ufficiali. Il problema principale sono i contratti: si conosce poco sui loro contenuti e, spesso, non si sa nemmeno dell'esistenza di tali contratti. Eppure è proprio questa mancanza di trasparenza che provoca i maggiori problemi.

Per quanto riguarda le clausole contrattuali (in particolare, le clausole di stabilizzazione), ci sono già diversi esempi di come si possono tutelare sia gli interessi degli investitori privati sia i diritti umani e una loro possibile evoluzione. Nel 2003 la Baku-Tbilisi-Ceyhan Pipeline Company firmò un accordo legalmente vincolante concernente il rispetto dei diritti umani, nel quale la compagnia riconosce che valori quali diritti umani, sanità, sicurezza e ambiente sono dinamici e non statici, ed essa si impegna nel rispettarli[27]. In questo modo gli investitori privati non sono più immuni a leggi o norme di carattere universale, quelle ragionevoli che servono allo Stato per poter adempiere ai propri obblighi nei confronti dei diritti umani, e viene riconosciuta la loro mutabilità nel tempo.

Riguardo alla mancanza di trasparenza, rendere pubblici gli accordi consentirebbe una valutazione del contratto e dei suoi risvolti, soprattutto quando trattasi di contratti a lungo termine, i quali hanno una grande influenza sulle dinamiche sociali, economiche ed istituzionale di una regione o persino di un intero Paese. La pubblicazione dei contratti permetterebbe alla popolazione interessata di informarsi e legittima il ruolo dello Stato in veste di garante dei diritti umani e naturalmente degli interessi della propria popolazione. Inoltre, si creerebbero dei precedenti che potrebbero essere presi come riferimento per futuri accordi, ai quali apportare miglioramenti anche derivanti dalle opinioni della popolazione. Un'altra conseguenza della pubblicazione dei contratti sarebbe quella che entrambe le parti, Stati ospitanti e investitori stranieri, agirebbero con maggiore correttezza, in quanto sarebbe in gioco la loro reputazione. Si raggiungerebbe anche il risultato di diminuire la corruzione, data la trasparenza del processo.

A livello internazionale ci sono diverse vie che possono essere percorse:

---

[27] La South Cauchasian Pipeline Company firmò nel 2005 un accordo nel contenuto identico a quello della Baku-Tbilisi-Ceyhan Pipeline Company.

- i Paesi industrializzati dovrebbero nell'ambito dei loro accordi bilaterali con Paesi in via di sviluppo, in special modo con quelli che non sono alimentarmente auto-sufficienti, tematizzare il fenomeno ed insieme elaborare politiche agricole e piani di uso dei terreni coltivabili, così come riforme agricole redistributive, per creare una struttura che incentivi investimenti esteri in campo agricolo ed al contempo riduca al minimo i rischi derivanti dal *land grabbing*;
- essi dovrebbero, inoltre, favorire la discussione a livello regionale e internazionale, con coinvolgimento della società civile e le comunità agricole interessate del Paese ospitante, su tematiche quali politiche agricole, accesso alla terra e risorse produttive così come la tutela di esso;
- un altro compito dei Paesi industrializzati è quello di rafforzare i diritti alla terra (ed al suo uso) e di incoraggiare la ripartizione di essa ai gruppi solitamente più emarginati, come le donne, i senza terra, le comunità indigene, braccianti agricoli e altri gruppi minoritari,
- per disincentivare il *land grabbing* ed evitare l'allontanamento dalle proprie terre di comunità agricole ci deve essere un controllo delle richieste di finanziamento a enti statali nei Paesi industrializzati. Essi dovrebbero controllare che gli investimenti privati e pubblici, in Paesi in via di sviluppo, siano in sintonia con i diritti universali dell'uomo. Specialmente che non siano a rischio il diritto al cibo ed il diritto all'abitazione (Art. 25 della Dichiarazione Universale dei Diritti Umani) e le "*Basic Principles and Guidelines on Development-based Evictions and Displacement*";
- i Paesi sviluppati devono infine far sì che la coltivazione di beni agricoli in Paesi in via di sviluppo destinati all'esportazione, nella fattispecie di piante per biocarburanti, siano sempre considerati secondari rispetto ai diritti umani.

Appendice 1

Tabella degli investimenti di terreno all'estero da governo a governo, 2006-2009

Paese ospitante	Paese investitore	Accordo	Stato dell'accordo	Data dell'annuncio
Repubblica Democratica del Congo	Cina	2,8 milioni di ettari per piantagioni di palma da olio	sconosciuto	n.d.
Etiopia	India	4 miliardi di $ in agricoltura, floricoltura e zuccherifici	sconosciuto	n.d.
Kenya	Qatar	2,3 miliardi di $ per 40000 ettari per colture ortofrutticole	firmato	Novebre 2008
Malawi	Djibouti	Terra coltivabile di estensione non precisata	firmato	Aprile 2009
Mali	Libia	100000 ettari coltivati a riso	firmato	n.d.
Mozambico	Cina	800 milioni di $ per incrementare a produzione di riso del 500%	sospeso	n.d.
Sudan	Egitto	Area per coltivare due milioni di tonnellate di grano l'anno	firmato	n.d.
Sudan	Giordania	25000 ettari per colture e bestiame	firmato	n.d.
Sudan	Kuwait	Accordo per partnership strategica.	firmato	Settembre 2008
Sudan	Qatar	Joint holding per investire in agricoltura	firmato	Luglio 2008
Sudan	Arabia Saudita	10000 ettari per grano, ortaggi e mangimi	firmato	Febbraio 2009
Sudan	Corea del Sud	690000 ettari per coltivare grano	firmato	Maggio 2008

Paese ospitante	Paese investitore	Accordo	Stato dell'accordo	Data dell'annuncio
Sudan	Emirati Arabi Uniti	30000 ettari per grano, erba medica, fagioli e patate	firmato	n.d.
Sudan	Emirati Arabi Uniti	378000 ettari	in trattativa	n.d.
Tanzania	Arabia Saudita	500000 ettari in affitto	in trattativa	n.d.
Tanzania	China	300 ettari per riso	firmato	n.d.
Zambia	China	2 milioni di ettari per jatropha	firmato	n.d.
Cambogia	Kuwait	Superficie non nota di terra coltivabile per riso	firmato	Agosto 2008
Cambogia	Vietnam	100000 ettari per caucciù	sconosciuto	marzo 2009
Indonesia	Arabia Saudita	4,3 miliardi di $ in 500000 ettari per riso	sospeso	n.d.
Laos	Vietnam	100000 ettari per caucciù	sconosciuto	marzo 2009
Pakistan	Emirati Arabi Uniti	acquisto di 324000 ettari	in trattativa	n.d.
Filippine	Bahrein	100000 ettari per acquacoltura	firmato	Febbraio 2009
Filippine	China	Affitto di 1,24 milioni di ettari	sospeso	n.d.
Filippine	Qatar	affitto di 100000 ettari di terra	sconosciuto	dicembre 2008
Turchia	Bahrein	500 milioni di $ in progetto non specificato	firmato	Aprile 2009

Appendice 2

Tabella degli investimenti di terreno all'estero dal settore privato al governo, 2006-2009

Paese ospitante	Paese investitore	Accordo	Stato dell'accordo	Data dell'annuncio
Angola	Lonrho (UK)	25000 ettari per riso	firmato	n.d.
Repubblica Democratica del Congo	Agriculture South Africa (South Africa)	10000000 milioni di ettari	sconosciuto	n.d.
Etiopia	Investitore privato sconosciuto (Arabia Saudita)	100 milioni di $ per terra coltivabile	firmato	Marzo 2009
Madagascar	Daewoo (South Corea)	1,3 milioni di ettari	sospeso	Novembre 2008
Nigeria	Trans4mation Agritech Ltd (UK)	10000 ettari	firmato	n.d.

Bibliografia

ActionAid, 2008. *Food, Farmers and Fuel: Balancing Global Grain and Energy Policies with Sustainable Land Use*. Johannesburg.

Alden, C., 2007. *China in Africa*. London: Zed Books Ltd.

Argaw Ashine, 2009. Hunger-ridden Ethiopia defends land grabs. *African Agriculture* (22 agosto 2009).

Biofuelwatch, 2008. *Agrofuels and the Mith of the Marginal Lands*. Gaia Foundation, Biofuelwatch, African Biodiversity Network, Salva La Selva, Watch Indonesia EcoNexus.

Blein, R., e Longo, R., 2009. *Food price volatility*. IFAD Discussion Paper. Rome.

Borger, 2008. Rich countries launch great land grab to safeguard food supply. *The Guardian* (22 novembre 2008)

Butler, E., 2010. Land grab fears for Ethiopian rural communities. *BBC News* (16 dicembre 2010).

Cash, D. W., Adger, W., Berkes, F., Garden, P., Lebel, L., Olsson, P., Pritchard, L., and

Chao, L., 2005. Experts warn of water crisis. *China Daily* (20 Aprile 2005).

Chen, J., 2006. Rapid urbanization in China: A real challenge to soil protection and food security. *Catena* 69 (2007) 1–15.

Colson, Elizabeth, 1971. "The impact of the Colonial period on the definition of Land Rights". In Victor Tuner (ed.), *Colonialism in Africa 1870-1980. vol.111. Profiles of Change. African Society and Colonial Rule*.

Commission On Human Rights, 2003. *Human rights, trade and investment - Report of the High Commissioner for Human Rights*. United Nations Publications. Geneva.

Cotula, L., Djiré, M, e Tenga, R. W., 2008. *The Right to Food and Access to Natural Resources*. FAO. Rome

Cotula, L., Vermeulen, S., Leonard, R., e Keeley, J., 2009. *Land grab or development opportunity?*. FAO, IIED e IFAD. Rome.

Dixon, R., 2007. Africa holds attractions for China leaders. *Los Angeles Times* (31 Gennaio 2007).

Dyer, G., 2009. African Land Grab. *The Zimbabwe Independent* (26 Maggio 2009).

FAO, 2009. *From Land Grab to Win-Win – Seizing the Opportunities of International Investments in Agriculture*. FAO Policy Brief 4. FAO. Rome.

FAO, 2009. *High Level Expert Forum - How to Feed the World in 2050*. FAO. Rome.

FAO, 2009. *The State of food and agriculture*. FAO. Rome.

FAO, 2010. *The state of Food Insecurity 2010 – Addressing Food Insecurity in protracted crisis*. FAO. Rome.

Freeman, D., Holslag, J., e Weil, S., 2009. *China's foreign farming policy*. BICCS Asia Paper. Brussels.

GRAIN, 2008. *Seized! The 2008 land grab for food and financial security*. GRAIN Briefings. Barcellona.

GRAIN, 2009. *The new farm owners – Corporate investors lead the rush for control over overseas farmland*. GRAIN. Barcellona.

GREENPEACE, 2008. *Climate change and food security in China*. Beijing.

Gwynne Dyer, 2009. African Land Grab. *The Zimbabwe Independent* (9 maggio 2009)

Horta, L., 2010. Food Security in Africa: China's New Rice Bowl. The JAMESTOWN FOUNDATION's *China Brief* Volume IX (Issue 11): 10-12.

IFAD, 2008. *Improving access to land and tenure security*. Rome.

IIED, 2009. *Biofuels in Africa: growing small-scale opportunities*. London.

Lu, Q., Soderlund, L., Peilin, W. & Juan, L. 2005. Cultivated land loss arising from the rapid urbanization in China. *MTT Agrifood Research Reports,* 68:313-327.

MCC (Ministry of Construction of China), 2002–2004. Statistical Communiqué on Urban Construction 2003. Ministry of Construction of China, Beijing.

NBS (National Bureau of Statistics of China), 1996–2003. China Statistical Yearbook. China Statistic Press, National Bureau of Statistics of China, Beijing.

Nyari, B., 2009. *Biofuels land grabbing in Northern Ghana*. RAINS. Tamale.

Pagano, M., 2009. Land grab: The race for the world's farmland. *The Indipendent* (3 maggio 2009).

Smaller. C., e Mann, H., 2009. *A thirst for Distant Lands. Foreign investment in agricultural land and water*. IISD. Winnipeg.

Taylor, M., e Bending, T., 2009. *Increasing commercial pressure on land: Building a coordinated response*. International Land Coalition Discussion paper. Rome.

The Economist, 2009. Land deals in Africa and Asia: Cornering foreign fields. *The Economist* (21 Maggio 2009).

The Economist, 2009. Outsourcing's Third Wave. *The Economist* (21 Maggio 2009).

UNEP-UNCTAD, 2008. *Organic Agriculture and Food Security in Africa*. United Nations Publications. Geneva.

Vidal, J., 2010. How food and water are driving a 21st-century African land grab. *The Guardian* (7 marzo 2010).

Von Braun, J., 2007. *The World Food Situation - New Driving Forces and Required Actions*. IFPRI. Washington, DC.

Wiesmann, D., von Braun , J., e Feldbriigge, T., 2002. An international Nutrition Index: a big picture of successes and failures in addressing hunger and malnutrition. *Quarterly Journal of International Agriculture* 41(4): 277-296.

Woertz, E., 2009. *The Gulf Food Import Dependence and Trade Restrictions of Agro Exporters in 2008*. Gulf Research Center. Dubai.

WorldWatch Institute, 2006. *State of the World 2006 – Special Focus: India and China*. Washington, DC.

Yushi, M., Hong, S., Fuqiang, Y., 2008. *The True Cost of Coal*. Greenpeace. Pechino.

Sitografia

A Contre Sens (Francia), http://www.acontresens.com/

Africa en ligne (Francia), http://afriquejet.com/

Africa News Network (Senegal), http://www.africanagricultureblog.com/

African Biodiversity Network (Kenya), www.africanbiodiversity.org

African Growth and Opportunity Act (USA), http://www.agoa.info/

Afrol News, http://www.afrol.com/

Agence France Presse (AFP), www.afp.com/

Al Jazeera (Qatar), http://english.aljazeera.net/

Asia News Network (Tailandia), http://www.asianewsnet.net/

Asia Times Online (Hong Kong), http://www.atimes.com/

BBC News (Regno Unito), http://news.bbc.co.uk/

Bibliographic Database Of Research Papers In Economics (USA), http://ideas.repec.org/

Bloomberg (USA), http://www.bloomberg.com/

BusinessWeek (USA), www.businessweek.com/

Centre de coopération Internationale en Recherche Agronomique pour le Développement (Francia), http://www.cirad.fr/

China Daily Information Co (Cina), http://www.chinadaily.com.cn/

China Internet Information Center (Cina), http://www.china.org.cn/China Today (Cina), www.chinatoday.com/

Chinese Embassy (USA), http://www.china-embassy.org/eng/

CNBC (USA), http://www.cnbc.com

CNN News (USA), http://edition.cnn.com/

Collectif pour la Défense des Terres Malgaches (Madagascar), http://www.terresmalgaches.info/

Counterpunch (USA), http://www.counterpunch.org/

Dipartimento di Stato degli Stati Uniti (USA), http://www.state.gov/

Farmlandgrab (Spagna), http://farmlandgrab.org/

Financial Times (Regno Unito), http://www.ft.com/home/uk

Food and Agriculture Organization (Nazioni Unite), http://www.fao.org/

FoodFirst Information and Action Network, http://www.fian.org/

France 24 (Francia), http://www.france24.com/
Genitron Sviluppo (Italia),http://www.genitronsviluppo.com
Global Dashboard (Regno Unito), http://www.globaldashboard.org
GRAIN (Spagna), http://www.grain.org
Index Mundi, http://www.indexmundi.com/
INKOTA-netzwerk e.V. (Germania), www.inkota.de/
International Food Policy Research Institute (USA), http://www.ifpri.org/
International Fund for Agricultural Development (Italia), www.ifad.org/
International Institute for Environment and Development (Regno Unito), www.iied.org/
International Land Coalition (Italia), www.landcoalition.org/
Millennium Change Corporation (USA), http://www.mcc.gov/
Reuters (Regno Unito), http://uk.reuters.com/
Sudan Tribune (Francia), http://www.sudantribune.com/
The Economist Newspaper (Regno Unito), http://www.economist.com/
The Guardian (Regno Unito), http://www.guardian.co.uk/
The Indipendent (Regno Unito), http://www.independent.co.uk/
The Smarter Earth Institute (USA), http://www.smarterearth.org/
The Telegraph Online (Regno Unito), http://www.telegraph.co.uk/
The Times (Regno Unito), www.thetimes.co.uk/
The World Factbook (USA), https://www.cia.gov/library/publications/the-world-factbook/index.html
United Nations (Nazioni Unite), http://www.un.org/
Via Campesina (Indonesia), www.viacampesina.org/
Wikipedia, the free encyclopedia, http://www.wikipedia.org/
World Health Organization (Nazioni Unite), http://www.who.int/en/
Worldwatch Institute (USA), http://www.worldwatch.org/
Yale Center for the Study of Globalization (USA), http://yaleglobal.yale.edu/